AF403601

MÉMOIRE

SUR

LES ANCIENNES ACTIONS DE PORTES

DEPUIS

LE JOUR DE LEUR ÉMISSION, JUSQU'A L'AVÉNEMENT DE LA VENTE
DES HOUILLÈRES ET LA CRÉATION DE LA NOUVELLE SOCIÉTÉ.

En se livrant au labeur qui leur avait été confié, les liquidateurs de l'ancienne Société de Portes, n'ont pas tardé à se convaincre qu'il était indispensable d'opérer le recensement des anciens titres. Pour faire droit à chacun, pour vider les litiges existants, pour en venir à une répartition, il y avait nécessité de connaître la position personnelle de chaque porteur, et d'investigation en investigation, d'arriver à une situation pourvue de clarté, et dont les faits eussent pour base la vérité et la sincérité les plus évidentes.

Comme on le verra par les révélations qui vont se produire, dans ce Mémoire, la besogne a été rude. Les documents étaient entièrement épars, il a fallu les exhumer et les colliger. Certains faits s'étaient accomplis dans l'ombre et le mystère, il a fallu les mettre au jour.

En s'imposant la recherche de la vérité, les liquidateurs n'ont pas reculé devant les dégoûts, les passions et les désagréments qu'amènent après eux les intérêts froissés. Leur tâche a été souvent ardue, et toujours pénible, pour ne rien dire de plus, on en jugera par le récit qui va suivre.

Pour mettre de la régularité dans l'historique des faits, nous suivrons l'ordre chronologique.

Ce préalable rempli, nous aborderons les comptes particuliers, et nous rattacherons à chacun d'eux la série des faits qui les concernent.

Dans un résumé général, nous présenterons la situation telle qu'elle existe. Telle sera la première partie de ce Mémoire. Dans la seconde partie, nous indiquerons la ligne de conduite qu'il faudra tenir, dans l'opinion des liquidateurs, sur la solution des questions soulevées par le recensement des titres de Portes, et sur les difficultés qui seront signalées.

PREMIERE PARTIE.

§ I.

FAITS SURVENUS DEPUIS LA NAISSANCE DU PACTE SOCIAL JUSQU'AU 31 DÉCEMBRE 1851.

C'est à la suite de certaines négociations, inutiles à rappeler ici, que survint le pacte social des houillères de Portes, devant M* Watin, notaire à Paris, le 16 septembre 1850.

Nous allons extraire de ce document, ce qui est relatif aux actions.

La Société était en nom collectif, à l'égard des trois gérants, et en commandite, en ce qui avait trait aux preneurs d'actions.

L'objet social était l'exploitation des mines de Portes, et la vente des charbons provenant de l'extraction.

Apport par le gérant Dudot de toute la propriété minière.

Cet apport fut fait *franc* et *quitte* du prix de l'adjudication, prix qui fut mis à la charge *unique* de M. Dudot.

Les parties déclarèrent que cet apport était d'une valeur de 170,000 fr., pour laquelle il serait compris 170 actions sociales, dans celles qui seraient attribuées à M. Dudot, le surplus étant la représentation de son apport industriel.

Le capital social fut fixé à *deux millions de francs,* représentés par *deux mille* actions, de *mille francs* chacune.

Il fut déclaré qu'il ne serait émis que *330 actions,* au fur et à mesure des besoins sociaux, et suivant le gré de la gérance. Ces actions devaient servir *à la mise en exploitation,* et à l'acquit de toutes les *charges sociales généralement quelconques.*

Les actions non émises furent la *propriété* des trois gérants.

Il fut donné :

A M. Dudot, pour payer le prix de l'adjudication, et pour son apport industriel, ci. . . . .   740 actions.

    A M. Verrue. . . . .   465 »

    A M. Werbrouck . . . . . .   465 »

           Total. . . . .   1,670 actions.

Il fut stipulé que 300 *actions* seraient affectées à la garantie de la gérance, pendant la durée d'icelle, et seraient déposées à titre de *nantissement* ou de *cautionnement,* à la Banque de France, ou dans tout autre lieu de dépôt, qui serait ultérieurement fixé.

Dans l'analyse qui précède, nous n'avons relaté que ce qui est nécessaire aux investigations que nous sommes en voie de réaliser, touchant les actions sociales, les autres articles des statuts n'ont trait qu'à des objets de forme dont nous n'avons pas à nous occuper dans les limites de ce Mémoire.

Le pacte social ne fut pas plutôt signé, que le gérant Verrue, fut à Saverne régir un emploi, auprès de la Compagnie chargée de la construction du chemin de fer de Strasbourg.

La gérance fut donc livrée à MM. Dudot et Werbrouck.

Les mois de septembre et d'octobre furent remplis par les soins à donner à la création des actions.

Après avoir obtenu du lithographe Néraudau, les actions à émettre, il fallait, aux termes d'une loi récemment promulguée, faire un abonnement avec le fisc, pour faire timbrer les actions, qui ne pouvaient avoir un caractère officiel, qu'avec les stigmates de la régie.

La gérance n'ayant pas de fonds disponibles, on eut recours à un emprunt. Ce prêt fut effectué le 9 décembre 1850. Le reçu opéré par la gérance est ainsi conçu :

« Nous soussignés, gérants administrateurs de la Société houillère
» de Portes, déclarons avoir reçu de M. Domairon, directeur du conten-
» tieux de ladite Société, la somme de *mille* francs, qui sera destinée à
» *faire timbrer les actions au porteur de ladite Société,* somme qui lui sera rem-
» boursée sur les premiers fonds disponibles de la caisse sociale.
» Paris, le 9 décembre 1850,

> *Signés :* Dudot, Werbrouck et Cᵉ. »

Le timbre de la régie fut apposé sur les actions sociales, et les dr.
fiscaux dûment acquittés.

Ce premier pas obtenu, il fallait avoir la signature du troisième gérant
qui était à Saverne, et qui déclara qu'il ne pouvait se déplacer.

Un mandataire alla à Nancy, pour obtenir la signature indispensable.

Une fois que les actions sociales eurent été rapportées à Paris, la division
des titres eut lieu, d'après l'indication des statuts. Cette opération fut faite
le 27 décembre 1850, par les gérants Werbrouck et Dudot.

Voici de quelle manière la répartition fut accomplie. Nous ne faisons
que transscrire la note à ce relative, existante dans le registre copie de
lettres, tenu par le gérant Werbrouck.

Il fut départi :

A MM. Verrue, Dudot et Werbrouck, 300 actions, afin de subvenir
à la création du dépôt de garantie de la gérance.

M. Verrue reçut pour cette destination les nᵒ 1, et y compris le nᵒ 100,
ci. . . . . 100 actions.

       M. Dudot, nᵒ 101 à 200, ci. . . . . . 100 »

       M. Werbrouck, nᵒ 201 à 300, ci. . . 100 »

Les numéros 301 à 330, furent mis en réserve
pour des éventualités, sans autre explication, ci. 30 »

Il fut mis en réserve et livré pour la cession
faite par un portionnaire des houillères de
Tagnac, les numéros de 686 à 845, ci. . . . 160 »

             A reporter. . . 440 »

<table>
<tr><td>Report. . . .</td><td>440</td><td>»</td></tr>
<tr><td>Il fut donné à M. Verrue pour sa quote-part de gérance les numéros 331 à 685, ci. . . . .</td><td>355</td><td>»</td></tr>
<tr><td>Les numéros de 846 à 1005, furent déclarés fonds disponibles, ci. . . . .</td><td>160</td><td>»</td></tr>
<tr><td>Il fut départi à M. Dudot, pour son lot d'attribution des numéros 1006 à 1465, ci. . . .</td><td>460</td><td>»</td></tr>
<tr><td>Il fut départi à M. Werbrouck, les numéros 1466 à 1820, ci. . . . .</td><td>355</td><td>»</td></tr>
<tr><td>Enfin, il resta à titre de fonds disponibles, les numéros de 1821 à 2000, ci. . . . . . .</td><td>180</td><td>»</td></tr>
<tr><td>Total. . . . .</td><td>2,000 actions.</td><td></td></tr>
</table>

Par ce décompte, nous arrivons à la connaissance des faits suivants :

M. Verrue était rempli des 465 actions qui lui revenaient d'après le pacte social :

<table>
<tr><td>Par cent actions pour cautionnement, ci. .</td><td>100 actions.</td></tr>
<tr><td>Par trois cent cinquante-cinq actions, remises en main propre. . . . .</td><td>355 »</td></tr>
<tr><td>Et par l'abandon de dix actions qui furent laissées en caisse pour éventualités, ci. . . .</td><td>10 »</td></tr>
<tr><td>Total égal aux attributions libellées dans le pacte social, et afférant au gérant Verrue, ci. .</td><td>465 actions.</td></tr>
</table>

M. Werbrouck était rempli de 465 actions le concernant :

<table>
<tr><td>Au moyen des cent actions du cautionnement, ci. . . . .</td><td>100 actions.</td></tr>
<tr><td>Des trois cent cinquante-cinq actions remises en ses mains, ci. . . . .</td><td>355 »</td></tr>
<tr><td>Et par l'abandon des dix actions laissées en caisse, pour faire face aux éventualités, ci. . .</td><td>10 »</td></tr>
<tr><td>Total égal, ci. . . . . . .</td><td>465 actions.</td></tr>
</table>

Quant à M. Dudot, il obtint :

1° Cent actions pour son cautionnement, ci.   100 actions.

2° Quatre cent soixante actions livrées en ses mains, ci.   460   »

3° Pour la retenue à lui faite de dix actions laissées en caisse, pour éventualités, ci. . . .   10   »

4° Pour la retenue faite par la gérance de cent soixante-dix actions, qui revenaient à M. Dudot, pour solder le prix de l'immeuble de Portes, ci.   170   »

Ce qui donne en total, d'après le pacte social. revenant à M. Dudot, ci . . . .   740 actions.

Il ne resta donc en caisse, en fonds disponibles en réalité, que. . . . .   170 actions.

Qui furent grossies des cent soixante-dix actions retenues à M. Dudot, et qui devaient faire fonds pour solder le prix d'achat, ci.   170   »

Total en caisse au 27 décembre 1850, une valeur nominale de. . . . .   340 actions.

Il sera vrai de dire que les 340 actions prémentionnées, devaient tout à la fois servir au fonds de roulement, et à fournir au gérant Dudot, les moyens de solder le prix d'achat, mis par le pacte social à la charge exclusive de ce dernier.

Vers le 30 décembre 1850, le gérant Dudot, fit don à une dame anglaise de sa connaissance, Madame Kelson, de trois actions de Portes, entièrement libérées, qu'il retira du chiffre des 460 actions, qui lui avaient été livrées manuellement, lors de la répartition du 27 décembre 1850.

Les numéros des actions données à madame Kelson, sont les suivants : 1463, 1464, 1465 ; nous enregistrons ces numéros pour mémoire.

Le même gérant exerça la livraison d'une action à M. Glascock, de Londres, qui portait le numéro 1035. Nous consignons encore pour mémoire la sortie de cette action des mains du gérant Dudot.

Diverses tentatives furent faites par le gérant Werbrouck, la correspondance en fait foi, auprès d'une foule de personnes, pour obtenir un crédit sur dépôt d'actions. On frappa à plusieurs portes, et aucune transaction ne put se réaliser, inutile de mentionner le nom des personnages, dès l'instant que les démarches faites n'eurent aucun résultat.

En avril 1851, le gérant Werbrouck délégua ses pouvoirs à M. Louis de Werbrouck son père, qui se transporta à Alais, et qui s'occupa à forcer à la retraite le régisseur de Portes, le sieur Boncolas, beau-frère du gérant Dudot.

Le 23 avril 1851, une négociation fut ouverte à Londres, par les soins du gérant Dudot, pour se procurer des fonds dans l'intérêt de l'exploitation de Portes.

Le gérant Werbrouck prit 300 actions de la caisse sociale, c'est-à-dire des 340 actions dérivant de celles de M. Dudot, et des 170 du fonds social devant servir au fonds de roulement, et les expédia à l'adresse de M. Dudot, à l'effet par ce dernier d'opérer sur la place de Londres, le placement desdites actions, ainsi que la correspondance échangée l'indiquait.

Le registre copie de lettres du gérant Werbrouck constate de la manière suivante l'envoi ou la remise faits à M. Dudot.

« Le 23 avril, j'ai remis à M. François-Nicolas Dudot, trois cents ac-
» tions de mille francs chaque, de la Société des mines de Portes, appar-
» tenant à la Société, et dont M. Dudot doit compte, ces actions portent
» les numéros de 886 à 1005, et de 1821 à 2000. Dont attestation,
» 23 avril 1851, signés. Dudot, Werbrouck et Cᵉ. »

Par une lettre du 27 avril suivant, le gérant Verrue fut instruit de la négociation qui se poursuivait en Angleterre, et de la remise des 300 actions, versées dans les mains du gérant Dudot, pour l'éventualité ci-dessus mentionnée.

Ainsi donc, à la date du 23 avril 1851, vu le versement opéré dans les mains du Gérant Dudot, des 300 actions précitées, il ne restait, dans la caisse sociale que 40 *actions*, qui représentaient le fonds de roulement.

Le 28 mai 1851, le Gérant Werbrouck était à Alais. Il fit un empruut à madame la douairière de Vautier, née baronne de Henrich, devenue, plus tard, l'épouse de M. Werbrouck père, de 6,600 fr.

Ce fut avec ce modique secours, que la gérance de Portes, commença ses premières armes, dans l'administration des houillères sociales.

L'emprunt Vautier ne fut en réalité que d'une somme ronde de six mille francs, versée dans la caisse de la gérance. On bonifia à la prêteuse une somme de 600 francs pour indemniser cette dernière des frais qu'elle avait, dit-elle, exposés pour obtenir les deniers et pour interêts.

Un billet, souscrit par la gérance fut porté à l'échéance du premier juin 1852, au capital de 6,600 fr., avec l'intérêt en dedans.

A titre de garantie, il fut remis à la baronne Vautier 20 actions sociales, et voici comment s'exprime le gérant Werbrouck, dans son registre copie de lettres :

» Ce jourd'hui vingt-huit mai 1851, j'ai remis à madame la baronne
» douairière Vautier, née de Henrick, suivant convention et pour servir
» de garantie de paiement d'une acceptation signée Dudot, Werbrouck
» et Cie de six mille six cents francs, payables à Portes, le premier juin
» 1852, par suite de son avance de ce jour, de six mille francs par elle
» fournis, ce jour ; les six cents francs d'excédant représentant les intérêts
» et les frais et pertes par elle subis pour fournir cette somme :
» Vingt actions des mines de Portes et Senechas, portant les numéros
» 866 et y compris 885. Ces actions seront restituées à la Société après
» paiement de l'acceptation de 6,600 francs, au premier juin 1852.

» *Signé :* Dudot-Werbrouck et Cie, »

Quel a été le sort de ces 20 actions, censées valeur en dépôt ? La suite du récit nous l'apprendra sans doute.

La caisse sociale ne conserva plus dans ses flancs, par suite de ce dépôt de 20 actions, au 28 mai 1851, que 20 actions disponibles, formant tout le bagage provisoire du fonds de roulement.

Le 30 mai 1851, la gérant Werbrouck informa seulement à Saverne ; le gérant Verrue, en ces sermes, de la négociation faite avec la baronne de Vautier :

« Madame de Vautier ayant à recevoir une certaine somme dans
» quelque temps, a consenti, sur la demande de mon père, à nous
» avancer six mille francs contre notre acceptation au premier juin 1852.
» Pour faire cette avance, madame de Vautier a perdu en frais ou autre-
» ment, 300 francs. Les intérêts sont réglés à 5 pour cent ; j'ai donc
» accepté une traite à la date précitée de 6,600 francs, et je l'ai en outre
» munie de 20 actions de la Société, comme garantie supplémentaire. »

Le 3 juillet 1851, la délégation de pouvoirs faite à M. Louis de Werbrouck expira, et ce dernier reçut de son fils Edmond de Werbrouck,
gérant la lettre élogieuse suivante :

« Quoique la Société des Mines de Portes et Senéchas ait saisi diffé-
» rentes occasions déjà pour vous exprimer sa haute satisfaction pour
» la manière si intelligente et si honorable dont vous avez rempli les
» fonctions de fondé de pouvoirs généraux, que vous avez occupées
» si utilement depuis le 9 avril dernier, je viens aujourd'hui remplir un
» devoir bien agréable, en vous réitérant, au nom de la Société, les re-
» merciments les plus vifs et l'expression d'une reconnaissance bien
» sentie pour les services que vous avez rendus avec tant de zèle et de
» désintéressement, dans les fonctions difficiles auxquelles les circons-
» tances mettent fin aujourd'hui.
» Dans cette occurrence, je suis heureux d'être l'organe de la Société,
» qui me charge de vous offrir, non comme une rémunération suffisante
» pour vos services, mais comme un témoignage de bon vouloir et une
» marque de sa gratitude :
» Quinze actions de la Société des Mines de houille de Portes et de
» Senéchas, de mille francs chaque, entièrement libérées, portant les
» numéros 306, 307, 308, 309, 310, 311, 312, 313, 314, 315, 316, 317,
» 318, 319, 320, pour en jouir et en disposer en toute volonté.
» Je joins à cette offrande une légère marque de ma reconnaissance
» personnelle, en y ajoutant au même titre cinq actions de ladite So-
» ciété, portant les numéros 1480, 1482, 1483, 1484 et 1485, que vous
» voudrez bien agréer en souvenir des fonctions de gérant que vous
» avez si bien remplies en mon lieu et place.

» La Société vous prie, Monsieur, de vouloir bien agréer l'assurance
» de ma considération distinguée.

» Le gérant des mines de houille de Portes et de Senéchas.

» *Signé ;* DUDOT-WERBROUCK et Cie. »

Nous n'avons pu trouver dans la correspondance l'avertissement donné
aux autres gérants, sur le fait du don que nous venons de mentionner.

A part la correspondance officielle et transcrite, il existait entre le gérant Verrue et le gérant Werbrouck, sur les affaires de la gestion et la
direction de Portes, une autre correspondance qui avait trait à une foule
d'actes dont l'appréciation incombe essentiellement aux liquidateurs.

Malgré tous nos efforts, nous n'avons pu parvenir encore à obtenir du
gérant Verrue, l'exhibition de cette correspondance. Il se croit dans son
droit de nous la refuser. La question n'est pas encore résolue.

Le gérant Dudot est venu se plaindre oralement aux liquidateurs de la
retenue qui lui avait été faite, le 27 décembre 1850, de dix actions lui
appartenant, et dont la réserve n'avait eu lieu que pour une éventualité
qui se produirait, et dont la cause et la nécessité devaient faire l'objet
d'un débat ou acquiescement ultérieur.

Il a ajouté que, lorsqu'en 1851, le gérant Werbrouck avait fait connaître au gérant Dudot le don des 15 actions, il s'était récrié, par une
missive transmise instantanément, et qui formulait la protestation la plus
formelle contre la remise desdites quinze actions; que les droits du gérant Dudot, pour la restitution des dix actions lui appartenant, étaient
entiers et qu'il entendait en faire l'objet d'une instance particulière.

Les liquidateurs se sont peu préoccupés du plus ou moins de validité de
la restitution dont s'agit. C'est un acte qui est en dehors de la gestion
sociale, et toute liberté d'action reste à la réclamation du gérant Dudot,
pour, par ce dernier, en exercer la poursuite à ses désirs et à ses volontés.

Nous ferons seulement observer que le don gracieux accordé à M. Louis
de Werbrouck père n'ébrécha en rien, au moment où la libéralité se
produisit, le fonds soi-disant disponible; ce don fut pris, savoir :

Les 15 actions, dans les 30 réservées pour éventualités, et le gérant

Werbrouck fournit les autres, c'est-à-dire les cinq supplémentaires, dans les 355 qui lui avaient été versées d'après le pacte social.

Nous enregistrons néanmoins la transmission, donation ou rétribution faite à M. Louis de Werbrouck, parce que le sort de toutes les actions doit être essentiellement révélé.

Il restait encore à la réserve, *pour éventualités, quinze autres actions* dont nous n'avons pu suivre la trace, faute d'avoir sous les yeux l'entière correspondance des gérants entre eux.

Voici ce que nous avons recueilli :

Il en aurait été livré à M. Bresson, place de la Bourse, cinq, ci 5 actions
A M. Lepelletier, conseil de la Société, cinq, ci, ... 5
A M. Verrue-Lafranc père, de Bruxelles, cinq, ci. 5
                                                         ———
                           Total . . . . 15 actions

Lorsque nous arriverons au recensement des numéros des actions livrées, la vérité se fera jour. Le droit de suite ne peut nous échapper, et à cet égard, nous sommes résignés à opérer les investigations les plus consciencieuses.

Le 10 octobre 1851, le gérant Werbrouck rendit compte à son co-gérant Dudot, de ce qui se passait à Portes ; il réclama à celui-ci les 300 actions remises en avril précédent, pour qu'elles fussent réintégrées dans la caisse sociale.

A partir du 29 octobre, la correspondance entre les gérants Dudot et Werbrouck devint des plus irritantes.

Nous allons transcrire une missive du gérant Werbrouck à M. Dudot, sous la date du 18 novembre 1851 :

« Mes lettres des 10 et 29 octobre, toutes les deux relatives à la récla-
» mation si souvent et toujours vainement répétée concernant les 300
» actions appartenant à la Société, qui vous ont été confiées le 23 avril
» 1851 contre votre reçu et portant les numéros de 886 à 1005 et de
» 1821 à 2000, étant restées sans réponse ;
    » Et les lettres de M. Verrue et de M. Domairon, chef du conten-
» tieux, n'ayant point obtenu de meilleur résultats,

» Je viens vous informer que, officiellement par la présente, voulant
» mettre ma responsabilité à couvert, et la gérance ayant d'ailleurs be-
» soin d'utiliser ces valeurs dans l'intérêt de l'entreprise, mon devoir me
» commande de vous mettre en demeure, comme je le fais par la pré-
» sente, de renvoyer au siége de la Société les 300 actions susdites, ainsi
» que le titre de la propriété des mines, dans le délai de quinze jours,
» et que, faute de satisfaire à cette juste réclamation, je serai forcé d'user
» non seulement des voies judiciaires, mais de faire publier en Angle-
» terre et en France, par la voie des journaux et par tous autres moyens
» de publicité, que les susdites actions sont injustement et illégalement
» détenues par celui ou par ceux qui pourraient en être détenteurs, que
» tout paiement d'intérêt on de dividende sera arrêté en ce qui le con-
» cerne, sans préjudice de tous autres moyens que la gérance pourra
» prendre pour rentrer dans la possesion des valeurs en question, comme
» aussi des dommages et intérêts qu'elle réclamera pour les pertes graves
» que lui fait essuyer la détention illégale que vous persistez à faire d'un
» dépôt confié à votre honneur.

» M. Verrue qui se trouve à Portes, dans ce moment, et qui a pris
» connaissance de notre correspondance, partage absolument nos inten-
» tions, ce dont je vous fais part uniquement, pour que vous n'ignoriez
» pas son sentiment, ajoutant d'ailleurs que votre inconcevable conduite,
» dans cette affaire, m'avait fait prendre l'initiative de cette lettre.

» Par suite de ce qui précède et attendu que depuis deux années, vos
» lettres ne nous ont apporté aucun résultat, la gérance vous déclare
» qu'elle n'entend vous charger désormais d'aucune espèce de mission,
» pour compte de la Société, ni reconnaître aucune démarche, ni aucune
» proposition, émanées de vous, sans son approbation spéciale et écrite. »

Diverses autres lettres furent transmises, leur contenu n'ayant pas
changé la situation, nous ne les mentionnons que pour la réalité de l'émission. L'année 1851 s'écoula, sans que M. Dudot répondît à l'appel qui
lui était fait; la restitution n'eut pas encore lieu.

Le 22 décembre 1851, la Société de Portes, souscrivit une obligation de
cinq mille francs, à l'échéance du 31 décembre 1852, en faveur de
M. Smith, de Heming (Meurthe), avec option pour M. Smith de prendre
en paiement cinq actions de la Société au pair.

Le 24 décembre 1851, le gérant Verrue, donna en nantissement, et comme couverture, pour compte de la Société, à M. Durieu, receveur-général à Strasbourg, dix actions de Portes, portant les numéros 666 à 675, ces actions étaient la propriété personnelle de M. Verrue.

Telles sont les phases diverses qu'ont subies les actions de Portes, depuis leur émission, jusqu'au 31 décembre 1851.

RÉCAPITULATION.

340 actions sont déclarées par la gérance devoir faire face au fonds de roulement et au solde du prix des houillères.

Les numéros de ces actions sont de 846 à 1005,

en tout . . . . 160 actions.

et de 1821 à 2000, en tout. 180   »

Total égal. . . . . 340 actions.

Envoi de 500 actions à M. Dudot pour opérer une négociation qui ne put aboutir.

Ces 300 actions sont prises sur les 340 ; les numéros des actions expédiées à M. Dudot sont de 886 à 1005, et de 1821 à 2000.

Emprunt Vautier. — On remet en dépôt 20 actions de Portes, des numéros 866 à et y compris 885.

Sur le fonds disponible, il ne reste que 20 actions sur les 340.

Don des 30 actions de la réserve pour éventualités, savoir : 15 à M. Louis de Werbrouck, et 15 autres distribuées par tiers à MM. Bresson, Lepelletier et Verrue père.

Les numéros des 30 actions mises en réserve pour éventualités étaient de 301 à 330.

M. Werbrouck père, reçut pour ses quinze actions de rémunération, les numéros 306, 307, 308, 309, 310, 311, 312, 313, 314, 315, 316, 317, 318, 319, 320.

Les autres numéros échurent à MM. Bresson, Lepelletier et Verrue père. La suite du recensement fera connaître les numéros obtenus à chacun d'eux, numéros qui ne pouvaient être que 301, 302, 303, 304, 305, 321, 322, 323, 324, 325, 326, 327, 328, 329, 330.

M. Dudot au 31 décembre 1851, avait aliéné, de sa portion d'actions, les numéros 1463, 1464, 1465, en faveur de madame Kelson, et le numéro 1035 en faveur de M. Glascock ; sa position fut donc diminuée de 4 actions, et la remise manuelle des titres qui lui avait été faite, de 460, fut réduite à 456.

M. Werbrouck gérant, donna à son père, sur sa part d'actions, cinq titres portant les numéros 1480, 1482, 1483, 1484 et 1485. Et dès lors le gérant Werbrouck, au lieu de 355 titres, n'eut en sa possession que le chiffre de 350.

M. Verrue, le 24 décembre 1851, donna en nantissement, pour le compte soc al, dix actions de Portes, des numéros 666 à 675, à M. Durieu. Ces actions étaient la propriété de M. Verrue, qui se réserva plus tard de les recouvrer, par l'échange de dix autres, dans l'intérêt du recensement ; notons que les dix actions livrées à M. Durieu, réduisirent la part d'actions de M. Verrue à 345.

Telle est la situation franche et nette du mouvement des actions jusqu'en décembre 1851. Entrons dans la série des faits de 1852.

<h2 style="text-align:center">§ II.</h2>

FAITS SURVENUS PENDANT L'ANNÉE 1852.

La polémique qui s'était établie entre le gérant Werbrouck et le gérant Dudot, au sujet de la restitution des 300 actions sociales confiées à ce dernier se prolongea jusqu'au mois de février 1852.

Le gérant Dudot s'exécuta par la remise des actions qui lui avaient été livrées ; il les expédia au banquier Tastevin à Alais, qui en opéra la restitution au gérant Werbrouck.

Sur la demande du gérant Verrue, le gérant Werbrouck, expédia de Nîsmes, le 21 février 1852, les actions ci-après, appartenant à la Société, pour servir à la négociation Durieu, receveur-général à Strasbourg, et

couvrir Emile Verrue de l'avance des dix actions 666 à 676, qu'il avait
fournies sur son fonds à M. Durieu, savoir :

Numéro 886 à et y compris 915, trente actions, ci . . . .   30 actions.

Et numéro 1821 à et y compris numéro
2000, ci   180   »
                                     ____

Ensemble. . . . .   210 actions.

Pour conclure la transaction ou les transactions entamées, par le gérant Verrue, il ne fallait que 190 actions, aussi dans sa note, le gérant
Werbrouck, en se livrant à l'énonciation ci-dessus, exprima que M. Verrue, avait à retourner 20 actions pour le compte et au profit de la
Société.

Il est digne de remarque, que quoique sur le fonds de 340 actions, déclarées disponibles, il n'y en eût par le fait que 170, qui dussent servir
au fonds de roulement, aucune préoccupation ne vint assiéger l'esprit de
la gérance, au sujet des 170 actions attribuées au gérant Dudot, pour
payer le prix. On aliéna ces dernières, sans avoir aucune crainte, du moins
apparente, sur le sinistre qui pouvait surgir d'un moment à l'autre, par
le non paiement du prix d'achat.

Le gérant Dudot, croyait être exonéré de toute responsabilité, parce
qu'il avait livré les 170 actions devant faire face au prix d'achat, et les
autres gérants, se croyant possesseurs légitimes de ces mêmes actions,
leur donnaient une destination réprouvée par le pacte social, et en dé-
saccord avec les engagements pris en face des commanditaires.

L'année 1852 amena un grand déplacement des actions sociales, la
majeure partie de ces actions, fut l'objet de plusieurs nantissements, et la
liquidation, a eu à recouvrer, en soldant les emprunts effectués, les malheureux débris de tous ces dépôts.

Les principaux dépositaires des actions en 1852, furent :

1° M. Durieu, receveur-général, à Strasbourg;

2° M. Hotham, officier-général de Sa Majesté Britannique, à Bruxelles;

3° M. Devaux, inspecteur des mines, demeurant à Bruxélles;

4° Les demoiselles Castylein, d'Ixelles-lès-Bruxelles ;

5° MM. Lonhienne frères, à Liége.;

6° M. Bégasse, de Liége, et trois ou quatre autres actionnaires, qui prirent au pair.

Analysons les actes, qui donnèrent naissance au nantissement d'actions de la Societé de Portes.

M. Durieu prêta à la Compagnie de Portes. Savoir :

Le 8 août 1852.	10,000 fr.
Le 20 août	10,000
Le même jour.	10,000
Le 21 septembre 1852. . . .	5,000
Et le même jour, ci.	768

Le capital prêté par M. Durieu, s'éleva donc à 35,768 francs, on lui consentit des billets qui furent stipulés être passibles d'intérêts et de plus, on lui livra 40 actions de Portes.

Les titres originaux de la créance ne sont pas au pouvoir de la liquidation, ils ont été remis à l'acquéreur des houillères de Portes, le 23 juin 1855. Ce paiement ayant été effectué, hors de la présence des liquidateurs, on n'a pu recueillir encore les éléments du recensement, touchant les 40 actions du dépôt Durieu.

Ce que nous pouvons affirmer, avec certitude, c'est que, dans les pièces inventoriées touchant les archives sociales, ni sur les livres, ni dans la correspondance sociale, placée sous nos yeux, nous n'avons trouvé aucune note utile, sur la transaction du prêt Durieu, et de la remise de 40 actions à ce dernier, pour cet objet.

Pour le moment, nous ne pouvons enregistrer que la sortie des mains du gérant Verrue, pour le prêt Durieu, de 40 actions sociales, nous affirmons encore qu'à l'époque où le nantissement fut opéré, on ne remit au créancier prêteur que des actions de la première émission à trois signatures, attendu que la délibération qui changea la dénomination sociale n'eut lieu que vers le 15 septembre 1852, et que l'émission des actions à une seule signature ne fut réalisée que bien longtemps après.

Le 30 septembre 1852, le prêt Hotham, fut organisé; le bailleur de fonds, remit la somme de mille livres sterling, soit 25,300 francs au cours de la Bourse royale de Bruxelles.

On donna à M. Hotham 28 actions de mille francs pour en toucher le produit à dater dudit jour 30 septembre, lequel produit fut garanti, à M. Hotham, à un minimum de 5 p. 0/0 l'an, sur la somme de 25,300 fr., et ce, pendant deux années.

A l'échéance des deux années, M. Hotham, s'obligea à déclarer par écrit, s'il entendait conserver les 28 actions du nantissement ou les restituer contre le remboursement du capital, et des intérêts que ce capital aurait pu produire.

En 1854, M. Hotham a demandé son remboursement, et a poursuivi même la liquidation. La cessation de ses poursuites, s'est traduite par le paiement effectué dans les mains de M. Hotham, qui a restitué 28 actions.

Au sujet de cette restitution, on fera observer que M. Hotham, a remis à la liquidation 28 actions de la nouvelle émission portant les numéros 798 et 1936 à 1992.

Il est rationnel de penser que lors de l'échange qui s'opéra entre M. Hotham et le gérant Verrue, ou ses mandataires, on dut se faire remettre les actions de la première émission, qu'on dut frapper d'un timbre d'annulation.

Malgré de vives recherches, on n'a pu obtenir, pendant un long temps, une note à ce relative, on n'a pu encore s'assurer de la réalité de l'échange. Dans les faits de 1853, la lumière se fera, et on aura la clé de cette transmutation des titres.

Mais dans l'intérêt du recensement, il entre, dans la tâche confiée, d'aller à la découverte des actions remises le 30 septembre 1852, à M. Hotham, et de connaître le numéro d'ordre de ces actions.

Sans une forte dose de ténacité, il eût fallu céder aux dégoûts de cette recherche. La persistance de l'esprit a dompté la difficulté; et de recherche en recherche, on peut maintenant affirmer que M. Hotham reçut le 30 septembre 1852, des mains du mandataire de M. Verrue père, 30 actions libérées de Portes, ayant les numéros 956, 957, et de 1912 à 1939.

3

Au lieu de 28 actions assurées par l'acte intervenu, pourquoi remit-on à M. Hotham, deux actions de plus? nous l'ignorons.

Toujours est-il que la chose se passa ainsi. Nous devons encore à la vérité de dire, que, lorsque l'échange de la seconde émission eut lieu avec M. Hotham, il ne lui fut remis que 28 actions, et lorsque ce créancier a été soldé, il n'a restitué à la liquidation que 28 actions.

Enregistrons tous ces faits pour mémoire, un recensement doit être le fruit de la vérité. Portons donc en ligne de compte, pour M. Hotham, en 1852, 30 actions à lui remises.

Le 28 septembre 1852, il intervint le traité Gernaert; de ce traité nous n'avons à extraire pour l'opération du recensement des actions que ces mots consignés dans le traité :

« Et le récompenser convenablement (M. Gernaert), des services qu'il
» a déjà rendus à la Société, en faisant apprécier la valeur des charbon-
» nages, lui ont offert les fonctions d'ingénieur en chef consultant de la
» Société charbonnière prédite, en lui attribuant dès ce jour cinquante
» actions libérées de la Société, au capital nominal de mille francs
» chaque. »

Ce traité n'était qu'énonciatif du fait ; quant aux actions, l'attribution était réelle, mais la remise avait-elle eu lieu? Là-dessus ténèbres complètes.

Nous avons été aux recherches, aux enquêtes, et le découragement s'est emparé de nous, lorsque dans les archives sociales, nous n'avons pu recueillir le moindre vestige d'énonciation.

Nous avons redoublé d'ardeur, et en dehors des archives sociales, nous sommes détenteurs d'un écrit, dont il est essentiel, de transcrire les expressions du texte. Nous copions :

« Nous nous engageons, en notre qualité de gérants de la Société en
« commandite des charbonnages de Portes et Senéchas, de remettre à
» M. Jules Gernaert, ingénieur en chef des mines à Liège, à sa première

» demande, les cinquante actions libérées de ladite Société qui lui sont at-
» tribuées, par la convention, en date de ce jour.

» Bruxelles, le 28 septembre 1852.

> *Signés:* Ed. Werbrouck, Emile Verrue.

» Reçu les valeurs énumérées ci-dessus,

» *Signé:* Jules Gernaert. »

Le récépissé de M. Gernaert, appuyé de la signature, ne doit pas laisser
de doute dans les esprits; il est bien avéré que l'ingénieur Gernaert, a été,
en exécution du traité du 28 septembre 1852, nanti, à titre gratuit, des
50 actions sociales qui lui avaient été promises.

Autre question?

Ces 50 actions ont-elles été prises du fonds social, en 1852; ces 50 actions étaient-elles de la première ou de la seconde émission?

En ce qui touche la première ou la seconde émission, on peut trancher
nettement cette partie de la question. M. Gernaert n'a pu évidemment
recevoir que des actions de la première émission, car la nouvelle émission n'a eu lieu qu'après mars 1853.

Pour donner une solution à la partie de la question relative au point
de savoir si les 50 actions, délivrées à l'ingénieur de Liége, ont été retirées
du fonds social, avant toute œuvre, il s'agit de connaître le numéro d'ordre de ces 50 actions.

Nos recherches jusqu'à ce jour, n'ont pu aboutir. Les faits de 1853,
donneront sans doute une solution à nos investigations. Comme exposé
de 1852, bornons-nous, provisoirement à consigner la remise des 50 actions versées dans les mains de M. Gernaert, aux termes du traité du
28 septembre 1852.

L'ingénieur Gernaert partagea, avec M. André, de Liége, les 50 actions
prémentionnées. Nous verrons figurer plus tard ce même *André,* lors de
l'échange des titres, comme porteur de 25 actions.

Si les investigations auxquelles on s'est livré, sont exactes, voici le mot
de l'énigme.

Avant le mois d'août 1852, à Portes, on ignorait l'existence de l'ingénieur Gernaert. Le 28 août, celui-ci fait une apparition sur les lieux, dans
l'intérêt d'une négociation pendante, entre la gérance et M. André, qui
offrait de prêter cent mille francs aux houillères de Portes.

Arrivé à Portes, l'ingénieur Gernaert, toucha le prix de sa visite et se
retira.

Nous ajouterons encore, que si les investigations faites, ont un caractère d'authenticité, l'ingénieur Gernaert, se prononça contre la com-
binaison André.

Sur la résistance d'André, on fit taire ce dernier en lui attribuant
25 actions, à titre gratuit, prises sur les 50 livrées à M. Gernaert, attribution qui n'eut lieu, que de guerre lasse, et pour faire fléchir l'insistance
et la ténacité de M. André.

Le 1er octobre 1852, un autre emprunt fut fait à M. Devaux, inspecteur-
général des mines, demeurant à Ixelles-lès-Bruxelles.

M. Devaux prêta, 10,000 francs à 6 p. 0[0 à la Société de Portes, pendant trois ans, on lui remit en nantissement 20 actions de Portes.

Ces actions de la première émission portaient les numéros 866 à 885.

Lors du règlement final de ce créancier, la liquidation a reçu les 20 actions susdites, qui n'avaient fait l'objet d'aucun échange, avec celles de
la nouvelle émission.

Constatons encore dans l'intérêt du versement 20 actions données en
nantissement pour le prêt Devaux.

Nous ferons remarquer en passant, que les numéros des actions remises
en dépôt à M. Devaux, sont les mêmes que ceux qui furent livrés à la
dame Vautier, épouse Werbrouck, en 1852. Comment ce retrait avait-il
eu lieu? Voici l'explication qui nous a été donnée.

En 1852, le gérant Verrue réclama du gérant Werbrouck l'envoi inté-
gral des actions formant le complément du fonds de roulement, et du
dépôt des 170 actions Dudot devant faire face au solde du prix. Cette
demande était postérieure à l'envoi qui avait été transmis à ce gérant, le
21 février 1852, de 210 actions.

Le gérant Werbrouck, pour accéder à la demande de son collègue, retira de chez la baronne Vautier, les 20 actions des numéros 866 à 885, et pour rendre taisante cette dernière, il fournit un nouveau dépôt, qui fut pris, sur son compte d'actions personnel.

De là, la transmission des numéros 866 à 885, au prêteur Devaux, numéros qu'il a gardés jusqu'à ce qu'il ait restitué le dépôt à la liquidation de Portes.

Le 1ᵉʳ octobre 1851, le gérant Verrue fit un traité avec M. Begasse, propriétaire à Liége.

M. Bégasse prêta à la Société de Portes, vingt mille francs, pour le terme de deux années et trois mois, à raison de 5 p. 0ⱼ0 l'an.

On lui donna en nantissement 25 actions de Portes.

M. Bégasse eut la faculté de renoncer au remboursement de vingt mille francs, et de conserver en toute propriété les 25 actions, dont il lui avait été fait remise.

Le 1ᵉʳ janvier 1854, M. Bégasse devait déclarer par écrit, s'il entendait conserver les 25 actions ou les restituer, le 1ᵉʳ janvier 1855, contre remboursement de vingt mille francs avec les intérêts échus. Dans ce cas, le remboursement devait avoir lieu le jour de l'échéance ci-dessus mentionnée.

A défaut d'avoir fait sa déclaration le 1ᵉʳ janvier 1854, M. Begasse devait rester en qualité d'actionnaire, en possession desdites 25 actions, et ne devait plus avoir droit au remboursement.

Le 8 décembre 1853, M. Bégasse écrivit de Liége à MM. Verrue à Alais, une lettre ainsi conçue :

« Conformément au contrat passé entre nous, à Bruxelles, le 1ᵉʳ octo-
» bre 1852, et aux lettres échangées entre nous le même jour, je dois
» vous déclarer le 1ᵉʳ janvier 1854, si je veux conserver les 25 actions de
» la houillère de Portes et Senéchas, à moi remises en garantie, pour
» le prêt de 20,000 fr. à vous fait, ou, si je réclame le remboursement
» avec les intérets, ainsi qu'il est stipulé.

« Je viens, par la présente, vous prier d'avoir la bonté de me dire par
» le retour du courrier, si vous voulez bien étendre la faculté que j'ai
» pour me décider, jrsqu'au 31 mars ou 1er mai prochain, afin de pou-
» voir vous faire part de ma résolution, à votre domicile élu chez
» M. votre père. »

Au bas de cette missive, se trouve, de l'écriture de la main du gérant
Verrue, l'annotation suivante : *répondu par un refus le 14 octobre 1853.*

Le contrat du 2 octobre 1852 sortit à effet, c'est-à-dire que M. Bégasse,
garda les 25 actions, et qu'on ne lui a pas remboursé les 20,000 fr.

La suite des faits nous apprendra ce qu'il sera advenu de la prime des
5 actions dévolues à M. Begasse.

Mentionnons toujours la sortie de 25 actions pour le prêt susdit, et
constatons que ces actions portaient les numéros de la première émission,
savoir des numéros 971 à 995.

Le 2 octobre 1852, il fut négocié à M. Vermeulen de Bruxelles,
11 actions pour un prêt de 10,000 fr.; ce dernier fit des billets de pareille
somme payables au 15 janvier 1853, et l'escompte de ces billets et le
le timbre, exigèrent une dépense de 53 fr. 25 cent.

Les actions négociées à M. Vermeulen, comme numéros d'ordre, étaient
de la première émission de 960 à 970. Lors de la mutation des titres en 1853,
nous assisterons à l'échange de ces actions, et nous aurons à nous enqué-
rir du sort de l'action en prime donnée, à M. Vermeulen.

Le 17 octobre, il fut négocié à M. Vanderperboom, 5 actions au pair
qui coûtèrent pour courtage et frais, 4 fr. 20 c.

Ces actions portaient les numéros de 960 à 970 de la première émission, nous saurons plus tard si l'échange a eu lieu.

Ainsi que nous l'avons constaté et relaté, dans les faits survenus pendant l'année 1851, le 22 décembre de cette année, les gérants Dudot et
Werbrouck, s'étaient reconnus débiteurs de M. Smith, caissier de
MM. Parent et Schaken, résidant à Heming (Meurthe), en la somme de
5,000 fr., que l'on s'engagea payer le 31 décembre 1852.

Il fut expressément entendu entre parties, que M. Smith aurait l'option
jusqu'au jour de l'échéance, de prendre en paiement du prêt de 5,000 fr.,
cinq actions de la Société de Portes.

Au bas du titre de reconnaissance, dont nous venons d'analyser les stipulations, M. Smith déclara le 24 octobre 1852, avoir reçu 5 actions des numéros 906 à 910 première émission.

Nous trouvons encore au bas de cet écrit, l'annotation suivante : « sur » les 5 actions, 4 seulement appartenaient au fonds social au pair, la cin- » quième a été donnée par les gérants, sur celles leur appartenant ; sans » date. Emile Verrue et Cie. »

Nous nous contentons d'enregistrer la sortie pour 1852 de ces actions, et nous aurons à contrôler l'assertion du gérant Verrue à fin de recensement.

Le 27 octobre 1852, le prêt Lonhienne de Liége fut contracté.

40,000 fr. furent versés contre dépôt, à titre de nantissement de 80 actions. La liquidation a remboursé le prêt, et la restitution des actions du dépôt, a eu lieu dans ses mains.

Ces actions n'ont jamais été échangées, elles ont encore les numéros de la première émission, c'est-à-dire de 1827 à 1905 ; constatons toutefois leur sortie.

La négociation de ces 40,000 fr. coûta une somme de 100 fr.

Le 26 octobre 1852, il fut donné à titre gratuit à un notaire de Liége, deux actions qui furent prises du fonds social ; elles portaient les numéros de la première émission, c'est-à-dire 958 et 959.

Le 15 novembre 1852, il fut négocié à M. Robbes cinq actions au pair, de la première émission, c'est-à-dire de 911 à 915. Nous ignorons si cet actionnaire a fait échange, nos investigations sur 1853 nous éclaireront sur ce point.

Le 5 décembre 1852, il fut négocié à M. Wanzertvorde, pour six actions au pair de la première émission, c'est-à-dire des numéros 1906 à 1911. Nous vérifierons, en 1855, si l'échange a eu lieu.

Le 11 décembre, il fut négocié à M. Cordenwise deux actions de la première émission au pair ; elles portaient les numéros 1940 et 1941. Nous vérifierons si l'échange a eu lieu en 1853.

Le 18 décembre 1852, le prêt des demoiselles Castylein fut conclu ; elles donnèrent 20,000 francs et reçurent en nantissement 40 actions de la première émission, c'est-à-dire des numéros 1742 à 1981. La liquidation, ayant retiré ce dépôt, est en possession de ces actions qui ne furent point échangées.

Le 31 décembre 1852, il fut encore négocié à M. Vanzertvorde 6 actions de la première émission qui portaient les numéros 1982 à 1987.

Le même jour, il fut négocié à M. Becuwe 2 actions de Portes, au pair, les titres ne lui ayant été remis qu'en 1853, nous ne mentionnons la négociation que *pour mémoire.*

Tel fut le placement des actions pendant l'année 1852. Jetons un coup d'œil rétrospectif.

1° Dépôt à M. Durieu de. . . . . . . 40 actions.

N. B. A connaître les numéros de ces actions au pouvoir de M. Mirès.

2° Dépôt du prêt Hotham, de. . . . . . 30 »

Le contrat n'en porte que 28, mais par les numéros d'ordre, on arrive au chiffre de 30, les actions remises à la liquidation ne dépassent pas le chiffre de 28.

3° M. Gernaert don de, ci. . . . . . . 50 »

Ignorance complète sur les numéros de ces 50 actions ; investigations plus complètes à réaliser.

4° Emprunt Devaux, ci. . . . . 20 »

La liquidation est en possession du dépôt primitif.

5° Emprunt Bégasse, ci . . . . 25 »

Ce prêteur a gardé le dépôt, et a été gratifié de 5 actions par son contrat ; de là, question à vider sur le sort de cette prime. Vérification également de l'échange.

6° Négociation à Vermeulen au pair, avec prime d'une action, ci . . . . 1 1 »

Total . . . . . . 176 actions.

Report   176

A vérifier si l'échange a eu lieu, et à vider la question de la prime.

7° Négociations de 5 actions à Smith, d'Heming ci   5   »

A vérifier l'assertion du gérant Verrue, si la cinquième action appartenait à la gérance ou non.

8o Prêt Lonhienne   80   »

La liquidation est en possession du dépôt primitif.

9o Don à un notaire de Liége, de 2 actions à titre gratuit   2   »

Question à résoudre sur la gratuité.

10° Cinq actions négociées au pair à M. Robbe, ci   5   »

A vérifier l'échange plus tard.

11° Négociation de 6 actions au pair, à M. Wantzervorde   6   ,

A vérifier si l'échange a eu lieu.

12° Négociation à M. Cordenwise de 2 actions au pair . . . .   »

Vérifier plus tard la réalité de l'échange.

13° Prêt des demoiselles Castylein   40   »

La liquidation est en possession de ce dépôt.

14° Négociation de M. Wantzervorde de 6 actions au pair   6   ,

15° Négociation à M. Becuwe de 2 actions au pair, dont les titres n'ont été réunis qu'en 1853, ci . . . . Mémoire.

Total des actions sorties de la caisse de Portes, des mains de la gérance et du fonds social au 31 décembre 1852 . . . .   522 actions.

4

Au commencement de notre relation des faits de 1852, nous avons constaté la sortie des mains du gérant Werbrouck, à la date du 21 février 1852, de 210 actions qu'il transmit au gérant Verrue.

Dans le décompte que nous venons de faire, le gérant Verrue en aurait dépensé 322, soit 112 actions de plus.

A cet égard, quoiqu'il n'existe pas de trace du nouvel envoi de la part du gérant Werbrouck, il faut se rappeler que lors de l'assemblée du 15 septembre 1852, tenue à Paris, il fut fait apport de toutes les actions sociales, et il n'est pas surprenant, que les gérants, de la main à la main, ne se soient démunis de telles ou telles actions.

Une entrevue eut lieu à Bruxelles, le 28 septembre 1852, et il est à présumer encore que pour réaliser les emprunts qui étaient alors en voie d'exécution, on n'ait fait, à Bruxelles, entre gérants, remise des actions sociales.

Quoique rationnelle, cette explication ne nous a pas encore satisfaits, et nous avons voulu nous éclairer de plus en plus; et voici de nouveaux renseignements.

M. Verrue-Lafranc père était, à Bruxelles, le mandataire de la Société; il s'occupait de la négociation des fonds, et il a joué un grand rôle financier dans les affaires de Portes.

M. Verrue-Lafranc reçut en dépôt d'actions, aux fins de négociation, savoir:

Le 30 septembre, 20 actions des numéros 866 à 885, plus 40 actions des numéros 956 à 995.

Le 13 octobre, M. Lepelletier lui expédia, savoir:

100 actions des numéros 1821 à 1920, plus 79 actions des numéros 1922 à 2000.

Enfin le 17 novembre, le gérant Verrue lui expédia :

6 actions des numéros 911 à 915 et numéro 1921.

Ce dépôt s'élevait donc à 245 actions. Voilà l'entrée; constatons la sortie.

M. Verrue-Lafranc, remit à M. Hotham, le 1ᵉʳ octobre 1852, 30 actions des numéros 1912 à 1939, 956 et 957 soit en tout, ci. . . . .   30 actions.

Le même jour à M. Bégasse, 25 actions des numéros 971 à 995, ci.   25   »

Le même jour à M. Vermeulen, 11 actions des numéros 960 à 970, ci.   11   »

Le 5 octobre 1852, à M. Devaux, 20 actions de 866 à 885 ci.   20   »

Le 17 octobre, à M. Vanderperboom, 5 actions de 1821 à 1825, ci.   5   »

Le 26 octobre, à M. Lonhienne, 80 actions des numéros 1826 à 1905, ci.   80   »

Le même jour à un notaire de Liége, deux numéros, 958 et 959, ci.   2   »

Le 17 novembre 1852, à M. Robbe, 5 actions de 911 à 915, ci.   5   »

Le 5 décembre, à M. Wanzertvorde, 6 actions, de 1906 à 1911, ci.   6   »

Le 11 décembre, à M. Cordenwise, 2 actions, des numéros 1940 à 1941, ci.   2   ».

Le 18 décembre, aux demoiselles Castylein, 40 actions, de 1942 à 1981, ci.   40   »

Le 31 décembre, à M. Wanzertvorde, 6 actions, des numéros 1982 à 1987, ci   6   »

Le même jour négociation de 2 actions, à M. Becuwe, qui ne lui furent remises qu'en 1853, ci. . . . . Mémoire.

Total de la sortie des actions sociales, au 31 décembre 1852, par les soins de M. Verrue-Lafranc, ci à reporter.   232   »

Report . . . .   232 actions.

Et comme le dépositaire de Bruxelles en avait reçu 245, il lui restait encore en mains, à l'époque dite, 13 actions, c'est-à-dire des numéros 1988 à 2000, ci.   13   »

Total égal, ci. . . . . . .   245 actions.

Il est impossible d'établir un décompte plus mathématique que celui-là ; comme on vient de le voir, avec beaucoup de persistance on est arrivé à un recensement exact et fidèle.

Les nuages règnent encore sur les actions Durieu et Gernaert ; espérons que, Dieu aidant, les ténèbres se dissiperont.

De compte fait, on peut affirmer qu'au 31 décembre 1852, il était sorti de la caisse sociale, savoir :

Par les mains de M. Verrue-Lafranc, de Bruxelles, d'après les annotations qui précédent, ci. . . . .   232 actions.

Pour le dépôt Durieu, par les mains du gérant Verrue   40   »

Pour la rémunération Gernaert par les mains des gérants Verrue et Werbrouck, ci. . . .   50   »

Total. . . . .   322 actions.

Et comme le fonds de roulement d'après les documents qui viennent d'être produits, ne se trouvait que de 340 actions, il sera vrai de dire, qu'au 31 décembre 1852, il ne restait en caisse que 18 actions.

S'il faut en croire les assertions du gérant Dudot, vers la fin de 1852, il lui serait arrivé un sinistre, touchant la part d'attribution d'actions qui lui avait été faite. Il aurait eu le malheur de confier 224 actions à un mandataire infidèle, qui les dissipa à son détriment, et qui les livra à vil prix.

Les actions dont s'agit avaient les numéros ci-après :

1011 ci.	1	action.
1307 à 1310 ci.	4	»
1136 à 1164 ci.	29	»
1167 à 1178 ci.	12	»
1180 à 1235 ci.	56	»
1236 à 1260 ci.	25	»
1261 à 1305 ci.	46	»
1518 ci.	1	»
1521 à 1570 ci.	50	»
Total.	224	actions.

Dans le recensement général, nous saurons rechercher quelle a été la mutation de ces actions perdues, égarées ou dilapidées ; avec le numéro d'ordre, nous saurons retrouver le fil, qui nous fera sortir du labyrinthe.

RÉCAPITULATION :

En 1852, il fut livré en dépôt, sur sommes prêtées par MM. :

Hotham, ci.	30	actions.
Bégasse, ci.	25	»
Devaux, ci.	20	»
Lonhienne, ci	80	»
Castylein, ci.	40	»
Durieu, ci	40	»
Total.	235	actions.

Sur ces 235 actions, il n'y a que celles de M. Bégasse, qui n'ont pas fait retour, faute par ce prêteur, de s'être expliqué en temps opportun.

Il est rentré à la liquidation 195 actions. Les 40 de M. Durieu, sont dans les mains de M. Mirès.

Il a été fourni en prime ou à titre gratuit, savoir :

à M. Gernaert, ci.	50	ac ions.
à M. Bégasse, ci.	5	»
à M. Vermeulen, ci	1	»
à M. Smith, une action, ci . .	1	»
à M. Eyben, notaire à Liége, ci.	2	»
Total.	59	actions.

Il a été négocié au pair, savoir :

à M. Vermeulen, ci. . . .	10	actions.
à M. Smith, ci.	4	»
à M. Robbe, ci.	5	»
à M. Wanzertvorde, ci. . .	6	»
à M. Cordenwise, ci. . . .	2	»
à M. Vanzertvorde, ci. . . .	6	»
Total.	33	actions.

Nous avons assez mentionné, dans la relation des faits de 1852, les mutations des numéros, dans les douze mois parcourus, pour que nous n'ayons pas à revenir encore sur ces détails.

La position du gérant Dudot, qui en 1851, dans son compte d'actions, se trouvait réduite au chiffre de 456, par l'événement malheureux de la soustraction de 224 actions, fut pour lui l'enlèvement de ses mains d'une partie de son avoir, désormais fixé au chiffre de 232 actions.

En 1852, il ne fut apporté au compte d'actions des gérants Werbrouck et Verrue aucune élimination ou mutation ostensibles; pas de fait qui soit venu à notre connaissance, à ce sujet.

Nous allons terminer la série des faits relatifs à l'année 1852, par la transcription de certains paragraphes d'une lettre écrite de Heming, le 9 octobre 1852, par le gérant Verrue au gérant Werbrouck.

« Voici le mouvement général des 340 actions restant à la Société.

        « Donc ci . . . . 340 actions.

40 act. » Durieu 40 actions avec option pour . . . 35,000 fr.		
28 » » Hotham 28 actions id. pour 2 années. . 25,287	35 c.	
50 » » Gernaert 50 . . . . »	»	
25 » » Bégasse 25 au 31 mars 1854 20,000	»	
11 » » Vermeulen 11 vendues pour 10,000	»	

20 » » Devaux 20 avec option d'un an au pair, double dépôt avec option de prendre les 20 à la fin de l'année, contre nouveau versement de 10,000 fr., aujourd'hui 10,000   »

 5 » » Vanderperboom mon beau-frère 5 au pair   5,000   »

80 » » Lonhienne de Liége, double dépôt . . . 40,000   »

 2 » » Notaire Liében pour 2 gratuites . . . .   »   »

25 » » Pour Delinge 25 convenu entre nous et Gernaert . . . .   »

————

286 actions ont produit . . . . 145,287 fr. 35 c.

    « Dont 159 actions ont produit écus,

    » 77 à Gernaert, Delinge et Leyben . .   don gratuit.

    » 50 en simple dépôt, continuant à nous

    »   appartenir, sauf 10 à M. Devaux, en-

    »   gagées au pair.

————

    286   Total égal.

    » Il reste donc 54. »

» M. Smith prendra les 5 actions pour l'obligation au 31 décembre,
» j'ai un ami ici qui en prend 6 au pair. Je vous aviserai quand j'aurai
» fait remise et touché le prix. »

Cette lettre explique par sa date, la nonrévélation des mutations opérées jusqu'au 31 décembre, et que nous avons mentionnées plus haut. Mais elle nous apprend une circonstance de plus, c'est la gratification accordée à M. Delinge de 25 actions, d'après une convention arrêtée par la gérance et suivant l'avis de l'ingénieur Gernaert. C'est que dans cette lettre se trouve consigné ce fait, et c'est là le motif qui nous a fait insérer le paragraphe entier, qui a fait l'objet de la transcription ci-dessus.

On reconnaîtra facilement qu'il a été impossible de pousser plus loin les investigations. Autant que possible, aucun fait saillant n'est resté dans l'ombre, et la lumière s'est produite de toutes parts.

§ III.

FAITS SURVENUS EN 1853.

Nous allons aborder une série de faits irritants, et nous aurons besoin de la patience la plus méthodique, pour nous rendre compte des événements qui se sont produits. Exhumer, recueillir et mettre au jour, c'est le rôle de la liquidation ; elle va le remplir.

Occupons-nous d'abord du placement des actions pendant l'année 1853 :

Le 4 janvier 1853, par l'entremise de M. Verrue père, à Bruxelles, il fut négocié à M. Charles Becuwe, 7 actions au pair, et il lui fut remis 9 titres, ponr compléter le nombre de 2, négociés le 31 décembre 1852, ci. . . . . 9 actions.

Le 7 juin 1853, il fut négocié 10 actions à M. Seny, à Bruxelles. . . . . 10 »

Le 9 janvier 1853, il fut négocié à M. Destuer, à Bruxelles, 10 actions, ci. . . . . 10 »

Le 10 janvier, il fut également négocié au pair à M. Vanderperboom, beau-frère de M. Verrue, gérant, 5 actions, ci. 5 »

A reporter. . . 34 »

Report. . .	34	»
Le 2 février, il fut encore négocié à M. Pétiau 2 act., ci.	2	»
Le 5 du même mois, au même M. Pétiau, 3 actions, ci.	3	»
Le 9 du même mois, à M. C. Becuwe, 3 actions, ci. .	3	»
Le 23 du même mois, encore à M. Pétiau, 2 act. , ci.	2	»
Le 26 du même mois, à mademoiselle Wellens, 1 , ci.	1	»
Le 28 du même mois , à M. Pétiau, une action, ci. .	1	»
Le 23 juin 1853, il fut négocié à M. Terrade, 4, ci. .	4	»

Nous trouvons encore, sans pouvoir préciser une date
fixe, en 1853, que par l'entremise du gérant Verrue, 5
actions furent vendues au pair à M. Vantzanvoorde, ci .   5   »

Et 2 à M. Gourdin, ci   2   »

Total ci. . . . .   57 actions.

Négociées au pair en 1853, qui, jointes à celles livrées
en 1852, savoir :

à M. Vermeulen, ci.   10   »
Dont 1 en prime.

à M. Smith, ci.   4   »
Dont 1 de surplus en prime.

à M. Robbe, ci   5   »

à M. Wantzervoorde.   6   »

à M. Cordenwise.   2   »

à M. Wantzervoorde encore   6   »

En tout . . . .   90 actions

Dont le produit a été versé dans la caisse sociale. Pour la régularité du
décompte , nous additionnerons les 20 actions retenues par Bégasse, qui
profita de la prime de 5 actions, ce qui porta l'encaissement des actions
réellement vendues à, ci . . . .   110 actions.

Le 30 mars 1853, les gérants Werbrouck et Verrue, se trouvèrent réunis à Bruxelles ; d'accord avec le gérant Dudot, il fut pris une grave détermination. On fit un fonds commun de 99 actions, pour combler le déficit qu'avaient amené dans la caisse sociale, des dons gratuits faits à des tiers, des actions de Portes.

Pas le moindre doute sur la réalité de la mesure prise, transcrivons les reçus fournis par le gérant Verrue à ses deux collègues.

« Je soussigné, en ma qualité de gérant de la Société Emile Verrue et
» Cie, reconnais avoir reçu des mains de M. Edmond de Werbrouck,
» mon co-gérant, 33 actions de Portes et Sénéchas, portant les numéros
» 1101, jusques et y compris 1133, destinées avec 66 actions versées par
» M. Dudot et le soussigné, à former un ensemble de 99 actions, pour
» remplacer au profit du fonds de roulement de la Société, les actions
» dont il a été disposé sur ledit fonds, dans l'intérêt de la participa-
» tion.

» Bruxelles, le 30 mars, 1853.

» *Signé ;* Emile Verrue. »

Voici le reçu fourni au gérant Dudot.

« Je soussigné, en ma qualité de gérant de la Société, Emile Verrue
» et Cie, reconnais avoir reçu des mains de M. F. N. Dudot, mon co-
» gérant, 33 actions de Portes et Sénéchas, portant les numéros 1037 et
» jusques et y compris 1069, destinées avec 66 actions versées par M. de
» Werbrouck et le soussigné à former un ensemble de 99 actions, pour
» remplacer au profit du fond de roulement de la Société, les actions
» dont il a été disposé sur ledit fond, dans l'intérêt de la participation.

» Bruxelles, le 30 mars 1853,

« *Signé :* Emile Verrue et Cie. »

Quant aux 33 actions versées par le gérant Verrue, il n'existe aucune trace, ni sur l'époque de la remise en caisse, ni sur les numéros livrés ; livres et correspondances, tout est muet sur ce point.

Le bagage des actions fut donc grossi de 99 actions, prises sur l'avoir des gérants ; et en additionnant ce nombre aux 340 prémentionnées formant le fond de roulement, et la réserve pour le paiement du prix d'acquisition, nous atteignons le chiffre de 439 actions.

Par suite d'une décision prise par l'assemblée des actionnaires du 15 septembre 1852, il fut arrêté que la raison sociale des houillères de Portes, serait désormais prénommée Emile Verrue et Cie.

Se basant sur cette décision, qui n'autorisait pas formellement à changer les anciens titres , le gérant Verrue fit faire, à tort ou à raison, de nouvelles actions, et se livra à une dépense assez coûteuse, pour faire opérer cette transmutation.

Dès que les nouveaux titres furent confectionnés, sans avertissement préalable , sans aucune espèce de publicité, on fit l'échange des titres à certaines personnes, et on n'inséra point dans les journaux que tout le monde eût à réaliser la mesure.

Aussi cette mutation eut lieu à huis-clos pour certains élus. On opéra les échanges à la sourdine. Pour comble de négligence, on ne s'occupa point de savoir à qui l'on remettait les titres nouveaux, et l'on annula les anciens au fur et à mesure des dépôts, à l'aide d'un timbre humide, sans prendre le nom du restituant , ni le numéro d'ordre des actions par lui livrées à l'annulation.

L'opération ainsi réalisée n'avait qu'un mérite, celui de procréer le désordre et l'anarchie. Désormais deux titres se trouvaient en présence, sur la place ; des actions à 3 et à une signature, allaient se livrer un antagonisme cruel, et tout cela ne tendait qu'à rendre impossible plus tard, tout recensement futur.

Nous devons relater le fait, tel qu'il a eu lieu, tout en regrettant qu'on n'ait pas mis plus de soins à avertir toutes les parties intéressées, et surtout à ce que l'opération partielle qui fut entreprise, ne fût pas faite avec des conditions d'irréprochabilité et de régularité plus complètes.

A Bruxelles, on échangea des titres ; on en fit autant à Paris. Les timbres d'annulation pour les deux villes, furent avec des couleurs différentes.

Il ne fut tenu ni registre, ni délibération pour les échanges et pour les annulations, de telle sorte, que la liquidation n'a devant elle que des numéros, dont la vérification est incertaine, pour ne pas dire impossible. Les deux émissions d'actions, se confondent ou se neutralisent, s'amalgament ou se heurtent; c'est un labyrinthe sans issue; un imbroglio sans fin.

Il faudra bien s'armer de courage pour pénétrer dans ce dédale. Hâtons-nous de dire, que jusqu'en 1854, et avant d'aborder les faits de cette dernière année, il sera impossible de pouvoir aller à la recherche de la vérité, parce que jusqu'à ce moment, tout fut secret et tenu dans l'ombre.

Rien ne fut ostensible, rien ne fut révélé; la lumière ne peut donc nous venir qu'un peu plus tard. Continuons néanmoins la narration des faits de 1853, et précipitons le pas, pour atteindre l'époque où la clarté brillera bon gré, mal gré.

Le compte d'actions du gérant Dudot qui, en 1852, se trouvait réduit à 332, par la remise des 33 opérée le 30 mars 1853, ne fut plus que d'un chiffre de 199.

Plus tard, et vers le milieu de cette même année 1853, le gérant Dudot aliéna 100 actions en faveur de MM. Parent et Schaken, et il sera vrai de dire, qu'en 1853, le compte d'actions Dudot se trouva n'être que du chiffre de 99.

Le gérant Werbrouck eut à subir dans son compte d'actions le chiffre de soustraction de 33. Il aliéna de plus 2 actions, qui furent vendues au colonel Guillaume, le 18 mars 1853, ce qui diminua son avoir de 35 actions, et réduisit son compte général au chiffre de 315.

Nous ne pouvons faire le décompte du gérant Verrue, dans l'ignorance où nous sommes s'il a versé ou non les 33 actions supplémentaires, d'après la résolution du 30 mars 1853. Toujours est-il, que dans l'hypothèse du versement, son compte doit subir une soustraction réelle du chiffre de 33 actions.

La négligence qui fut apportée à solder le prix d'acquisition des houillères de Portes, La faute capitale d'avoir aliéné ou consigné en dépôt les 170 actions Dudot, devant faire fonds pour cet objet, portèrent leurs fruits. La folle enchère des houillières fut poursuivie. Il fallut se procurer de l'argent à tout prix et arriver à des emprunts onéreux.

Ces emprunts eurent lieu simultanément à Marseille et à Paris.

Le traité Granval à Marseille donna naissance à un prêt de 255,000 fr., et à une vente de charbons, qui devait accélérer la ruine de la commandite.

A Paris, on emprunta 100,000 fr. à M. Bourcart, et 150,000 fr. à MM. Leroux et de Banneville.

A part les stipulations hypothécaires, et un revirement de traites, qui devait se renouveler tous les trois mois, et dont la gérance de Portes eut à supporter les frais, il est prétendu qu'il fut donné en prime, aux entremetteurs de la négociation du prêt, et voire même aux prêteurs, des actions dont le chiffre fut exorbitant.

A travers les nuages qui enveloppent cette mystérieuse négociation, il est avéré pour nous, qu'il est sorti des mains de la gérance, un grand nombre d'actions (370) et que les traces de cette sortie nous sont révélées par les faits suivants.

Le 19 octobre 1853, les emprunts dont il est question furent opérés par actes publics.

Le même jour le gérant Verrue, délivra à son collègue Werbrouck, le récépissé suivant :

« Reçu de M. Edmond Werbrouck, mon collègue, 150 actions de
» Portes et Sénéchas, lui appartenant, dont je lui dois compte pour em-
» ploi, dans l'intérêt de la Société.

» Paris, le 19 novembre, 1853.

» Emile Verrue et Cie.

» *N. B.* Ces actions de première émission, portent les numéros 1621 à
» 1720 et plus, 50 divers numéros. »

Le gérant Verrue ne fut pas plutôt possesseur de ces 150 actions, qu'il les échangea avec 150 nouvelles à une signature.

Les 150 actions échangées avaient par suite de l'échange, les numéros de 1401 à 1500 soit . . . .   100 actions.

Et de 1651 à 1700, soit . . . .   50 »

                                    Total égal. . .   150 actions.

Il est indubitable que le gérant Verrue a fourni sa quote-part, dans la remise des actions données en prime, mais il n'existe aucune trace de ses livraisons à des tiers; pour obtenir satisfaction et des éclaircissements sur tous ces faits, il faut se résigner à aborder les faits de 1854; jusque-là, absence de lumière.

En décembre 1853, le gérant Verrue traitant avec M. Thomas Huguet, lui livra 75 actions contre un prêt, de la somme de 75,000 fr., ces actions furent vendues à réméré, elles portaient les numéros de 1753 à 1775 compris, et de 1701 à 1752, le tout de la deuxième émission.

Le gérant Verrue soutient que quoiqu'il fût dit dans les traités, que ces actions faisaient partie du fonds social, il est vrai qu'elles appartenaient aux gérants Dudot, Verrue et Werbrouck, qui les avaient extraites de leur portefeuille. Nous enregistrons l'aveu tel qu'il nous est donné; afin de compte, justice sera rendue à tous.

L'année 1853, comme on vient de le voir, fut une année de perturbation. Elle amena la dissolution sociale, qui eut lieu le 24 avril 1854; elle prépara la voie à de nouveaux emprunts, et donna naissance à une guerre fratricide entre gérants, qui ne prit fin que par la vente des houillères.

Une seule pensée a préoccupé l'esprit de la liquidation. Il faut qu'elle arrive à la connaissance de l'absorbtion des 340 actions, qui constituaient le fonds du roulement. Pour atteindre à ce résultat, voici quelle est la dissection par nous opérée des chiffres; et de leur alignement nouveau, la vérité mathématique va paraître au grand jour.

1° Actions placées contre écus, y compris celles de Bégasse, qui n'ont pas fait retour, ci . . . .   110 actions.

2° Actions restituées :

Devaux.	20 actions.
Lonhienne.	80 »
Castylein	40 »
Durieu.	40 »
Hotham 28 et 2 qui avaient été livrées sur les titres de la première émission, ci.	30 »

210 »

3° Actions restituées :

par **M.** Verrue-Lafranc, non utilisées, ci. .   20 »

Total égal, ci. . . . . .   340 actions.

La liquidation ne doit pas sortir de ce cercle ; soit par les restitutions, soit par la vente réelle, elle arrive à un calcul d'identité, qui ne peut plus faire la matière d'un doute, ni d'une controverse. L'emploi des 340 actions est aussi évident que la lumière du jour.

Les débats qui peuvent surgir entre les gérants sur l'emploi des 99 actions réunies le 30 mars 1853, pour donner une solution aux primes gratuites, qu'el'on avait provisoirement prises sur les 340 actions de 1852, importent peu à la liquidation. C'est un décompte, qui échappe à ses investigations ; que la gérance avise comme elle l'entendra, toute liberté d'action lui est laissée.

Pour faire reste de raison, nous allons, à titre de bienveillance seulement, produire un autre calcul, qui jettera un éclaircissement nouveau, car, il cantonnera les exigences de la gérance entre elle à un modique reliquat.

ENTRÉE.

Actions sociales en caisse, dès le début, ci.   340 actions.

Versement opéré sur le fonds de la gérance
en mars 1853, ci   99   »

                Total, ci. . . . . .   439 actions.

SORTIE.

Actions données en prime :

à Gernaert, ci.	50 actions.	
à Delinge, ci	25 »	
à Bégasse, ci	5 »	
à Vermeulen, ci	1 »	89 actions.
à Smith, ci.	1 »	
à Eyben, ci.	2 »	
à Durieu, ci	5 »	

Actions restituées, ci.   210   »

Actions restituées par M. Verrue-Lafranc,
non utilisée, ci.   20   »

               Total. . . . .   319 actions.

Actions placées contre écus, ci. . . . .   110 actions.

            Total . . . .   429 actions.

Il resterait donc 10 actions dont le gérant
Verrue aurait à faire compte à ses partners, ci.   10 actions.

          Total égal, ci. . . . .   439 actions.

Nous le répétons, nous n'avons point à nous immiscer, dans ces décomptes ; la liquidation doit demeurer étrangère à ce règlement.

Ce que nous tenons à démontrer, c'est que la situation de 1853, quant aux 340 actions du fonds primitif est d'une évidence extrême, et que jamais opération n'aura eu pour elle plus d'authenticité, de réalité et de vérité.

§ IV.

FAITS SURVENUS EN 1854.

Nous avons dit plus haut que les ténèbres disparaîtraient, lors de la relation des faits en 1854. Les points laissés dans l'ombre, vont indubitablement recevoir la lumière ; l'heure de la justice, à moins que notre esprit ne s'abuse, va donc sonner pour tous.

Le début de l'année 1854, fut des plus orageux. La guerre fut déclarée entre le gérant Werbrouck et le gérant Verrue. Le gérant Dudot prit parti pour le gérant Verrue, et la lutte devint acharnée.

Des coups d'état, au petit pied, se produisaient d'heure à heure. Un gérant démolissait d'un trait de plume le lendemain, ce que l'autre avait fait la veille. L'anarchie coulait à pleins bords.

Une assemblée d'actionnaires fut annoncée pour le 24 avril. L'antagonisme des anciens titres et des nouveaux se produisit avec intensité. Des protestations furent faites, et comme la majorité était dévolue aux titres nouveaux, la dissolution sociale fut prononcé et un liquidateur unique fut nommé.

Cette délibération donna naissance à un procès arbitral, qui dura jusqu'au 21 août 1854. Des propositions d'achat furent faites, et enfin le 24 septembre de la même année, le corps social maintint de plus fort la dissolution, nomma trois liquidateurs, et autorisa ces derniers à faire vendre ses houillères de Portes à la maison Mirès, au prix de 2,500,000 fr.

La vente fut réalisée, et les houillères entrèrent dans les mains de la Compagnie Mirès, à partir du 14 octobre 1854.

Le 24 novembre 1854, une circulaire émanée de la liquidation, fit connaître aux anciens actionnaires, que la maison Mirès était disposée à faire l'échange de 2 actions de la nouvelle Société de Portes, pour 1 de l'ancienne Société.

Cet échange eut lieu entre certains actionnaires, aux conditions ramenées dans la circulaire susdite.

La maison Mirès acquit, en octobre 1854, par l'entremise de l'ex-gérant Werbrouck, une certaine quantité d'actions de l'ancienne Société de Portes, qui avait appartenu à Madame Kelson, à M. Moode et 2 ou 3 autres.

Comme nous l'avons énoncé plus haut, il existait un dépôt d'actions, qui avaient été remises à des tiers par la gérance, au sujet des primes accordées aux prêteurs Bourcart, Leroux, Banneville, Thomas Huguet et autres.

Pour retirer ce dépôt, la maison Mirès livra 130,000 fr. et fut nantie des titres susdits, au nombre desquels se trouvaient les 150 actions données par le gérant Werbrouck à son collègue Verrue, le 16 novembre 1853.

L'échange des titres eut lieu en conformité de la circulaire du 24 novembre 1854, et la caisse Mirès en est aujourd'hui seule dépositaire et propriétaire.

Comme il faut constamment se le rappeler, deux sortes d'actionnaires de Portes se sont présentés à l'échange; les porteurs des titres à trois signatures, c'est-à-dire sous la raison : *Dudot-Werbrouck et Cᵉ*; et à une signature, sous la raison : *Emile Verrue et Cᵉ*.

Quels sont les titres à trois signatures qui ont subi l'échange, aux fins de la circulaire de 1854 ?

Les titres à trois signatures versés par les échangistes dans la caisse Mirès, sont au nombre de 503. La liste du personnel déposant arrive au chiffre de 18.

Voici la nomenclature afférente à chaque déposant :

N° 1.

PAS DE DATE DU DÉPÔT 1854. — TITRES.

8   M. Wantzarvorde, à Bruxelles, a déposé des numéros 1988 à 1995, soit. . . . . .   8 titres.

N° 2.

9 DÉCEMBRE 1854. — ÉCHANGE.

1   M. Delise Louis, à Paris, rue d'Amboise, 3, a déposé le numéro 1471, ci . . . . . .   1 »

N° 3.

10 DÉCEMBRE 1854. — ÉCHANGE.

13   M. Vanderperboom à Bruxelles, représenté par M. Verrue, a déposé 13 titres des numéros.

331 à 340	10 titres.
1996 à 1998	3 »

13 »

N° 4.

10 DÉCEMBRE 1854. — ÉCHANGE.

29   Gustave Delinge a déposé 29 titres, savoir :

Des numéros 322 à 325 .	4 titres.
916	1 »
942 à 955	14 »
1001 à 1006.	6 »
1008 à 1010	3 »
1013, ci.	1 »

29 »

51   51 titres.

| 51 | | Report. . . . 51 titres. |

Nº 5.

30 DÉCEMBRE 1854. — ÉCHANGE.

Cotman à Bruxelles, représenté par M. Le-
ligois, rue Duguay-Trouin 3, a déposé
5   titres, savoir. Numéros :

| De 1190 à 1191, ci . . | 2 titres. | |
| 1202 à 1204 . . . . | 3 » | 5 » |

Nº 6.

Domairon à Paris a déposé en novembre 1834.

40   titres, savoir :

| Des numéros 745 à 764. | 20 titres. | |
| de 806 à 825. . . . | 20 » | 40 |

23 FÉVRIER 1855.

120   titres, savoir :

701 à 705.	5 titres.	
706 à 739.	34 »	
740 à 744.	5 »	
765 à 775.	11 »	120
776 à 805.	30 »	
826 à 846.	20 »	

Nº 7.

10 NOVEMBRE 1854. — ÉCHANGE.

Smith à Lyon, représenté par Verrue,
a déposé, savoir :

5   des numéros 906 à 910, soit.   5

| 221 | | A Reporter . . . 221 titres |

221   Report . . .   221 titres.

N° 8.

10 DÉCEMBRE 1854. — ÉCHANGE.

Seny à Bruxelles, représenté par Verrüe, a déposé,

10   titres :

des numéros 1982 à 1987.   6 titres. ⎫
     »   1908 à 1911.   4   » ⎬   10
                                      ⎭

N° 9.

10 DÉCEMBRE 1854. — ÉCHANGE.

Wantzervorde à Bruxelles, a déposé.

10   titres, savoir :

des numéros 626 à 630.   5 titres. ⎫
de   »   1821 à 1825.   5   » ⎬   10

N° 10.

30 NOVEMBRE 1854. — ÉCHANGE.

André Eugène à Liége, a déposé,

25   titres des numéros 917 à 941, soit. . .   25

N° 11.

6 DÉCEMBRE 1854. — ÉCHANGE.

Lindo (Abraham), à Batignolles, a déposé,

1   titre, du numéro 1516, ci.   1

267   A reporter . . .   267 titres.

267	Report. . . .	267 titres.

N° 12.

3 DÉCEMBRE 1854. — ÉCHANGE.

Eyben, notaire à Liége, a déposé,

2	titres, des numéros 958 à 959, soit . . .	2

N° 13.

4 DÉCEMBRE 1854. — ÉCHANGE.

Ducloux (Jules), représenté par M. de Ribaumont, à Liége, a déposé,

5	titres, des numéros 996 à 1000, ci. . .	5

N° 14.

2 DÉCEMBRE 1854.

Defontaine (Henry), avocat, rue de Navarin, 21, à Paris, a déposé :

5	titres, des numéros 1206 à 1207. . . . .⎞	
	des numéros 1266 à 1268. . . .⎠	5

N° 15.

2 DÉCEMBRE 1854. — ÉCHANGE.

Spruyt (Edmond), représenté par M. Dudot, à Bruxelles, a déposé,

20	titres, savoir :	

	des numéros 1192 à 1201.	10 titres.⎞		
	» 1254. . . .	1 »⎟		
	» 1269. . . .	1 »⎬	20
	» 1271 à 1278. .	8 »⎠		

299	A reporter.	299 titres.

299

N° 16.

Report. . . . 299 titres.

Werbrouck (Edmond), a déposé,

197   titres, savoir :

des numéros 101 à 120.	20	titres.
don de 1851, 306 à 320.	15	»
1134 à 1135.	2	»
1466.	1	»
1468 à 1470.	3	»
1473.	1	»
1475.	1	»
1476.	1	»
don de 1851, 1480.	1	»
1481.	1	»
» 1482 à 1485.	4	»
1486 à 1492.	7	»
1493 à 1495.	3	»
1496 à 1515.	20	»
1571 à 1590.	20	»
1601 à 1603.	3	»
1604 à 1616.	13	»
1617 à 1620.	4	»
1730 à 1733.	4	titres.
1739 à 1749.	11	»
1780 à 1781.	2	»
1782 à 1789.	8	»
1799.	1	»
1801 à 1814.	14	»
1817.	1	»
1007.	1	»
1026 à 1034.	9	»
1136 à 1139.	4	»
1150 à 1160.	11	»
1165.	1	»
1279 à 1288.	10	»

196   »

496

A reporter . . . 496 titres

<table>
<tr><td>496</td><td></td><td>Report. . . . 496 titres.</td></tr>
</table>

N° 17.

MAI 1855. — ÉCHANGE.

| 5 | Robbe Louis, à Bruxelles, numéros 911 à 915. . . . . | 5 » |

N° 18.

MAI 1855. — ÉCHANGE.

| 2 | Gourdin, à Lyon, représenté par Verrue, numéros 1477 à 1478 . . . . | 2 » |

| 503 titres. | Total égal. . | 503 titres. |

Les titres à une signature, versés par les échangistes dans la caisse Mirès, sont au nombre de 887. La liste du personnel atteint le chiffre de 21.

Voici encore la nomenclature afférente à chaque déposant.

N° 1.

10 DÉCEMBRE 1854. — ÉCHANGE.

Guillaume, à Bruxelles, a déposé, savoir :

33 des numéros.

692 à 700, ci	9 titres.	
1101 à 1111, ci. . . .	11 »	33 »
1908 à 1920, ci. . . .	13 »	

| 53 | A reporter. . . . 33 titres. |

35	Report. ▮ ⁻ . 35 titres.

N° 2.

8 DÉCEMBRE 1854. — ÉCHANGE.

Boyer Antelme, rue Bonaparte 18, à Paris,
a déposé en deux paquets, savoir :

10   des numéros ;

561 à 565, ci	5 titres.		
664 à 665, ci	2 »		
827	1 »		15 »
895 à 896, ci	2 »		
Plus a déposé, savoir :			
5 Des numéros 666 à 670 .	5 »		

N° 3.

10 DÉCEMBRE 1854. — ÉCHANGE.

Chevalier de Stuers, à Ypres, a déposé des

10   numéros 861 à 870 . . . .   10 »

N° 4.

10 DÉCEMBRE 1854. — ÉCHANGE.

M. Verrue-Lafranc, à Bruxelles, a déposé

10 des numéros 1177 à 1179.	3 titres.		10 »
1901 à 1907	7 »		

N° 5.

10 DÉCEMBRE 1854. — ÉCHANGE.

M. Vermeulen, à Bruxelles, a déposé des

11   numéros 681 à 691 . . . .   11 »

---

79 titres.   A reporter. . . .   79 titres.

| 79 | . | Report. . . . 79 titres. |

N° 6.

10 DÉCEMBRE 1854. — ÉCHANGE.

| 13 | M. Pétiau, à Bruxelles, a déposé des numéros 786 à 797 . . . 12 titres.
1965. . . . . . . 1 » | 13 › |

N° 7.

10 DÉCEMBRE 1854. — ÉCHANGE.

| 220 | M. Emile Verrue, à Paris, a déposé : 1° des numéros de 801 à 820. . 20 »
1501 à 1600. . . . . 100 »
1001 à 1100 . . . . 100 » | 220 » |
| 63 | 2° a déposé des numéros 601 à 663. . . | 63 » |

N° 8.

6 DÉCEMBRE 1854. — ÉCHANGE.

| 10 | M. Sichel Demeer-Dewort, représenté par M. Huguet, rue Chauveau-Lagarde, 6, à Paris, a déposé des numéros 1761 à 1770. | 10 » |

N° 9.

29 NOVEMBRE 1854. — ÉCHANGE.

| 5 | M. Burat Amédée de Paris, a déposé des numéros 1771 à 1775. . . . . | 5 » |

| 390 | A reporter. . . 390 titres. |

390	Report. . . :	390 titres.

Nº 10

10 DÉCEMBRE 1854. — ÉCHANGE.

25	M. Delinge, à Bruxelles, a déposé des numéros 1976 à 2000.	25 »

Nº 11.

6 DÉCEMBRE 1854. — ÉCHANGE.

60	M. Thomas Huguet, à Paris, a déposé des numéros 1701 à 1760	60 »

N° 12.

150	M. Werbrouck Edmond, à Paris, a déposé des numéres 1401 à 1500. 100 titres. 1651 à 1700. . . . . 50 »	150 »

Nº 13.

7 DÉCEMBRE 1854. — ÉCHANGE.

6	Léon Lepelletier, à Paris, 1º a déposé des numéros 859 à 860 . . 2 titres. 826 . . . . . . 1 » 891 . . . . . . 1 » 897 à 898 . . . . 2 »	6 »

5 DÉCEMBRE 1854. — ÉCHANGE.

60	2º a déposé des numéros 501 à 560 . . .	60 »
691	A reporter. . . .	691 titres.

691   Report. . . . . 691 titres.

N° 14.

6 DÉCEMBRE 1854. — ÉCHANGE.

25   Leman Gartzot, à Paris, rue Croix-des-Petits-Champs 2, maison Coutard, a déposé des numéros 577 à 600 .   24 titres.
900 . . . .   1 »   25 »

N° 15.

7 DÉCEMBRE 1854. — ÉCHANGE.

10   Gorjeu Julien, à Paris, quai Conti 11, a déposé des numéros 671 à
675 . . . .   5 »
676 à 680 . . . . .   5 »   10 »

N° 16.

8 DÉCEMBRE 1854. — ÉCHANGE.

5   Louapt, rue Meslay 35, représenté par Antelme Boyer, a déposé des numéros.
576 . . . .   1 titres.
892 à 894 . . . . .   3 »
828 . . . .   1 »   5 »

N° 17.

10 DÉCEMBRE 1854. — ÉCHANGE.

12   Becuwe, à Ypres, a déposé des numéros
1964 à 1975 . . . .   12 »

743   A reporter. . . . 743 titres.

743   Report. . . . 743 titres.

N° 18.

10 DÉCEMBRE 1854. — ÉCHANGE.

Bégasse, à Liége, a déposé des numéros.
876 à 880 . . . . . 5 titres.
1181 à 1200. . . . . 20 »   25 »

N° 19.

PAS DE DATE D'ÉCHANGE. — MAI EN 1854.

100   Parent et Schatren, a déposé des numéros
701 à 785 . . . . . 85 titres.
871 à 875 . . . . . 5 »
881 à 890. . . . . . 10 »   100 »

N° 20.

EN 1854. — ÉCHANGE.

Vanzartvorde, à Bruxelles, a déposé des nu-
4   méros 1174 à 1176 . . 3 titres.
1180 . . . . 1 »   4 »

N° 21.

10 DÉCEMBRE 1854. — ÉCHANGE.

15   Alard Emile, à Bruxelles, négociant représenté par Delinge, 1921 à 1935 . . . . 15 »

887 titres.   887 titres.

Il résulte des annotations que nous venons de faire, que les titres déposés à une signature sont de : 887 titres.

Et ceux à trois signatures, de. . . . . 503 »

Ce qui porte le nombre des titres échangés à treize cent quatre-vingt-dix.

Total. . . . . 1390 titres.

En donnant autant que possible l'ordre numérique aux titres qui ont été déposés, nous trouvons, que les actions à une signature doivent être classées, dans l'ordre suivant :

ACTIONS A UNE SIGNATURE.

Numéros :	501	à	565.
»	576	à	797.
»	801	à	820.
»	826	à	828.
»	859	à	898.
»	900		
»	1001	à	1111.
»	1174	à	1200.
»	1401	à	1600.
»	1651	à	1775.
»	1901	à	1935.
»	1963	à	2000.

ACTIONS A TROIS SIGNATURES.

Numéros :	101	à	120.
»	306	à	320.
»	322	à	325.
»	331	à	340.
»	626	à	630.
»	686	à	846.

»	906	à	910.
»	916	à	955.
»	958	à	959.
»	996	à	1010.
»	1013.		
»	026	à	10341.
»	1134	à	1139.
»	1150	à	1160.
»	1190	à	1204.
»	1206	à	1207.
»	1254.		
»	1265	à	1288.
»	1466.		
»	1468	à	1471.
»	1473.		
»	1475.		
»	1476.		
»	1480	à	1516.
»	1571	à	1590.
»	1601	à	1620.
»	1730	à	1733.
»	1739	à	1749.
»	1780	à	1789.
»	1799.		
»	1801	à	1814.
»	1817.		
»	1821	à	1825.
»	1908	à	1911.
»	1982	à	1998.

Il faut maintenant aller à la recherche des actions de la première émission, qui ont subi ou non l'échange des actions à une signature, en voici le détail :

Nº 1.

TABLEAU

Des actions Dudot, Werbrouck et Cº, annulées :

Numéros.					
	437 à et compris 536, ci.	100 actions.
»	326 à 330.	5	»
»	321, 1263, 1562, 1563, 1564. . .	5	»
»	1014, 1016, 1017, 1018, 1019, 1020		
	à 1024.	5	»
»	1025, 1421, 1422, 1423, 1424. . .	5	»
»	1515, 1553, 1554, 1555, 1569. . .	5	»
»	1140, 1141, 1143, 1255, 1295. . .	5	»
»	1143, à 1147.	5	»
»	1148, 1149, 1178, 1305, 1561. . .	5	»
»	1167, 1180, 1181, 1256, 1257. . .	5	»
»	1258, à 1262.	5	»
»	1270, 1294, 1297, 1298, 1299. . .	5	»
»	1300, 1301, 1308, 1309, 1310. . .	5	»
»	1311, à 1320.	10	»
»	1425, à 1434.	10	»
»	1543, à 1552.	10	»
»	1570, 1161, 1162, 1163, 1164. . .	5	»
»	301, à et compris 305.	5	»
»	341, à 345.	5	»
»	347, à 436.	90	»
»	1209, à 1258.	30	»
»	1920, à 1939.	20	»
»	1129, à 1133.	5	»
»	1173, à 1177.	5	»
»	1559, 1560, 1913, 1914, 1919. . .	10	»
»	1307, 1518, 1522, 1557, 1558, 1940,		
»	1999, 2000.	8	»

A reporter. . . 255 actions.

Report. . . .	255	actions.
» 682, 346, 1208, 1291, 1296, 1556.		
» 1565.	8	»
» 1567, 1568, 1179, 1012, 1187, 1188,		
▼ 1189, 1289.	8	»
» 1293, 1182, à et compris 1186, . .	6	»
» 537, à 621.	85	»
» 622, à 625, 641, à et compris 651.	15	»
» 1321 à 1420.	100	»
» 652, à 665, 671, à 681, 683, à 685.	28	»
» 956, 957, 960, à 970, 1039, à 1067.	42	»
» 1068, à 1069, 1101, à 1128. . . .	30	»
» 1036, 1070, à 1085, 1435, à 1462. .	45	»
» 1621, à et compris 1670.	50	»
» 1796, 1798, 1819, à 1820	5	»
» 637, 641, 1790, à 1907, 1795 . .	11	»
» 1750, 1779, 1726, à 1729. . . .	34	»
» 1701, 1725, 1671, à 1700	55	»
» 632, 636, 1906, 1292	7	»
» 631, 666, 667, 1290, 1292 . . .	5	»
» 668, 670, 1037, 1038	5	»
» 1168, 1172, 971, à 995	30	»

Total des actions échangées, ci . .   947 actions.

Les mutations opérées à Bruxelles et à Paris, par les
soins du gérant Verrue ou de ses délégués, établissent
donc qu'il fut annulé en 1853, 947 actions de la première émission, ci . . . .   947 actions.

En novembre 1854, par les soins de la maison Mirès,
il fut échangé 503 actions de la première émission, ci   503   »

A reporter. . . . 1450 actions.

Report. . . . 1450 actions.

Pour la garantie des faits et responsabilité de la gérance, il a été déposé en 1854, par suite de la délibération
du 24 avril de la même année à la Banque de France,
300 actions de la première émission, ci. . . . . . . 300 »

Actions restituées par MM.

Durieu, ci.	40 actions.	
Lonhienne, ci.	80 »	
Devaux, ci.	20 »	180
Castylein, ci	40 »	

Total. . . . . 1930 actions.

Il restait donc 70 actions qui n'auraient point encore
paru de la première émission et dont l'échange n'a pas
été effectué. . . . . 70 actions

Total égal à l'actif social du 16 septembre 1850.   2000 actions.

Sur ce chiffre de 70 actions, nous avons connaissance de 17 actions
qui nous ont été révélées par suite de notre correspondance.

Le moindre doute ne peut plus exister sur la situation des 2000 actions
de la première émission. La vérité de nos décomptes est incontestable.

Faisons la même opération sur les actions de la seconde émission,
Emile Verrue et Cie.

Il existe dans la caisse des titres de la maison Mirès, quatre registres à
souche, des actions Emile Verrue et Cie, à une seule signature.

Il reste de cette émission 1053 actions, qui n'ont pas été lancées. Le
tableau ci-après en fait foi.

N° 2.

Des actions de la seconde émission, non-échangées :

Numéros.					
	1 à et compris 300, ci.	300 actions.
»	301 à	400, ci.	100	»
»	401 à	500, ci.	100	»
»	901 á	1000, ci.	100	»
»	1201 à	1300, ci.	100	»
»	1201 à	1400, ci.	100	»
»	1801 à	1900, ci.	100	»
»	821 à	825, ci.	5	»
»	829 à	858, ci.	30	»
»	1601 à	1650, ci.	50	»
»	1786 à	1800, ci.	15	»
»	566 à	575, ci.	10	»
»	899 ci.	1	»
»	1142 à	1173, ci	32	»
»	1776 à	1785, ci	10	»

Total des actions non échangées, ci. . 1053 actions.

Ces indications données, établissons la situation :

Actions non émises. . . . . 1053 actions.
Actions échangées. . . . . 947 »

Total égal au chiffre social de la seconde émission, ci. . . . . 2000 actions.

Tous les doutes disparaissent, en présence de ces calculs mathématiques. Si les chiffres sont brutaux de leur nature, ils servent au moins d'une manière éclatante à la manifestation de la vérité.

RÉSUMÉ.

Le recensement des anciennes actions sociales de Portes, avait pour but principal d'établir la situation des vieux titres, et de connaître ce qu'était devenu le fonds de roulement, et quel avait été le sort des actions réservées pour acquitter le prix des houillères.

Il a été démontré jusqu'à l'évidence que dès l'origine, 170 action avaient été consacrées au fonds de roulement, et que les 170 actions destinées à salder l'immeuble social, en tout 340 actions avaient été absorbées, par des négociations ou des emprunts sur dépôts.

Jour par jour, et d'année en année, nous avons suivi pas à pas les mutations des titres, et bon gré, mal gré, la lumière s'est faite.

Les 340 actions ont eu la destination suivante :

> 110 titres ont été négociés.
> 210 titres ont été restitués, contre remboursement des prêts effectués.
> 20 titres ont été restitué par M. Verrue-Lefranc.

340 actions figurent à la sortie, comme à l'entrée. Calcul d'identité; alignement des chiffres, se réglant entre eux par une balance exacte.

Il fallait retrouver 2000 titres à 3 signatures, et 2000 titres à une seule signature.

Un compulsoire des plus rigoureux a eu lieu, et la vérité mathématique a éclaté de toutes parts.

Une circulaire avait autorisé les anciens porteurs des titres de Portes, à recevoir 2 titres pour un, sur les titres anciens.

Un détail intime a fait connaître la position de chaque échangiste.

503 titres à 3 signatures ont été échangés, 18 déposants ont participé à l'échange.

887 titres à une signature ont été également échangés, 21 déposants ont subi les prescriptions de la circulaire de novembre 1854.

Bref 1390 titres ont été versés dans les caisses de M. J. Mirès et Cie.

Deux émissions d'actions avaient eu lieu; de là, la nécessité de faire deux recolements distincts.

Le dépouillement des titres de la première émission a fait connaître,

Qu'en 1853, le gérant Verrue avait annulé sur la première émission, ci . . . . 947 actions.

Qu'en novembre 1854, il avait été échangé de cette première émission, ci. . . . . 503 »

Qu'en mai 1854, il avait été déposé par délibération des actionnaires 300 titres à la Banque de France, pour la garantie des faits de la gérance ci. . . . . 300 »

Actions restituées sur dépôts, ci. . . . . 180 »

1930 »

Il ne restait que 70 titres, dont l'échange n'est pas encore réalisé; on a tous les renseignements sur ces titres, et l'on en connaît presque tous les porteurs, ci . . . . . 70 »

Total égal . . . . 2000 actions.

Le décompte des actions de la seconde émission, a donné le résultat ci-après :

actions non émises, ci . . . . 1053 actions.
actions échangées, ci . . . . 947 »

Total égal au chiffre de la seconde émission, ci . 2000 actions.

Le moindre nuage ne peut plus exister sur le dénombrement des 4000 actions de la première et de la seconde émission. Encore un coup, le décompte est frappant de réalité, de sincérité et surtout de vérité.

Il ne reste plus maintenant qu'à donner une solution aux questions litigieuses que soulève le recensement des anciens titres de Portes. Cette discussion va faire le sujet de la seconde partie du présent mémoire.

Paris, le 10 juin 1857.

Les liquidateurs de la Société de Portes,

L. DOMAIRON, L. LEPELLETIER, L. PAULTRE.

Paris. — Imprimerie de FÉLIX-MALTESTE et Cⁱᵉ, rue des Deux-Portes-Saint-Sauveur, 22.

9 782014 084689